Couverture inférieure manquante

DEBUT D'UNE SERIE DE DOCUMENTS
EN COULEUR

Alcius LEDIEU

Voyages en Picardie

d'un gentilhomme lillois
à la fin du XVIIᵉ siècle

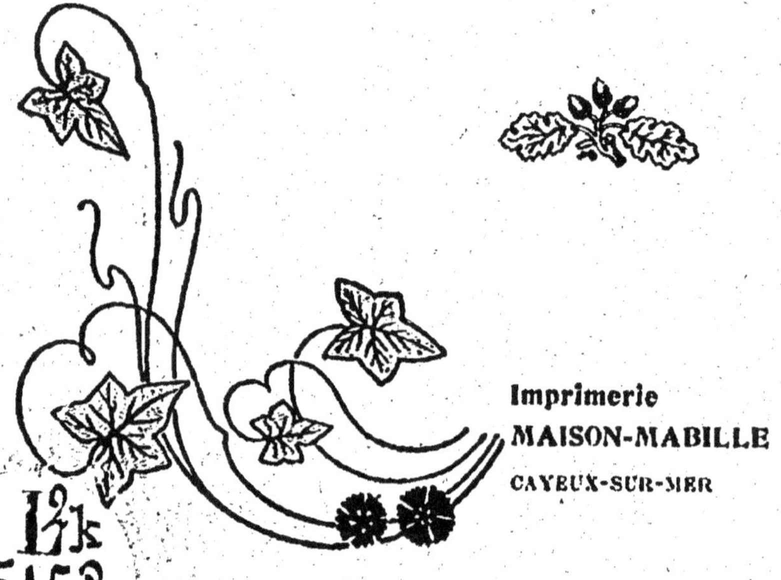

Imprimerie
MAISON-MABILLE
CAYEUX-SUR-MER

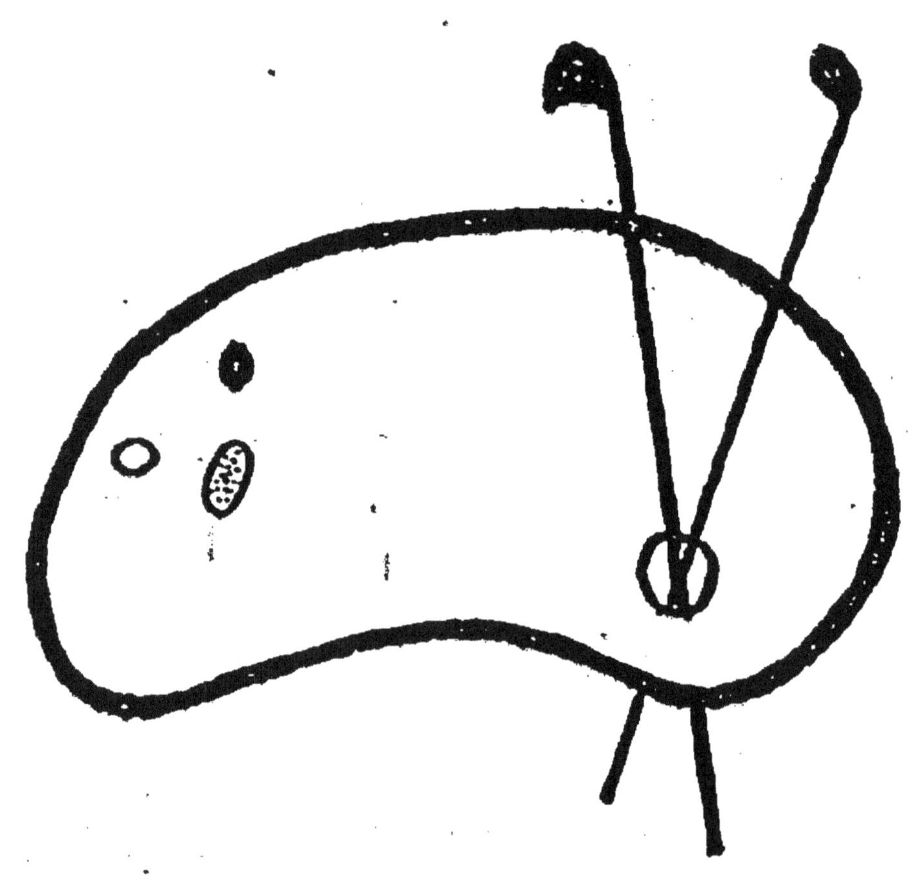

**FIN D'UNE SERIE DE DOCUMENTS
EN COULEUR**

Alcius **LEDIEU**

Voyages en Picardie

d'un gentilhomme lillois
à la fin du XVIIe siècle

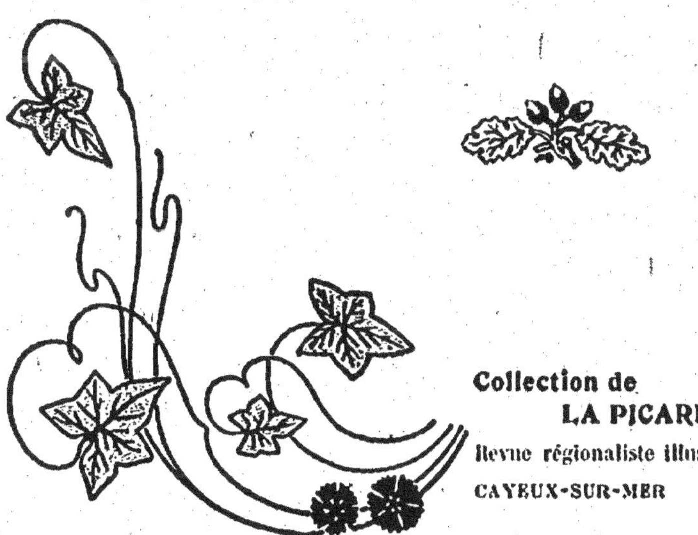

Collection de
LA PICARDIE
Revue régionaliste illustrée
CAYEUX-SUR-MER

Voyages en Picardie

D'UN GENTILHOMME LILLOIS

à la fin du XVIIe siècle

Ayant eu l'occasion, dans un de mes voyages, de m'arrêter à Lille avant de franchir la frontière pour aller passer mes vacances chez nos voisins du Nord, je profitai de cette circonstance pour aller saluer mon excellent confrère, M. Desplanque, avec qui j'avais déjà correspondu et à l'obligeance duquel j'avais fait appel alors qu'il était archiviste départemental à Perpignan. Il mit le plus grand empressement à me faire visiter le riche établissement dont le soin lui est confié et auquel il se consacre tout entier.

Suivant une vieille habitude que j'ai contractée, j'ai recherché si notre chère Picardie n'était point représentée dans ce dépôt. J'ai découvert, notamment, deux volumes manuscrits reliés en veau, mesurant 183 sur 125 millim. Ils contiennent le récit de six voyages en France et dans les Pays-Bas de 1690 à 1698 ; ils portent les n°s 525-526.

Avec une parfaite bonne grâce dont je lui suis très reconnaissant, M. Desplanque a bien voulu me confier le tome premier de ces *Voyages*, qui, seul, intéresse la Picardie, trois fois visitée par l'auteur. C'est un volume de 434 pages d'une fort belle écriture. J'en ai extrait tout ce qui intéresse notre province, et aussi quelques villes des provinces voisines : l'Artois, la Champagne, l'Ile-de-France et la Normandie.

L'auteur, Pierre-Louis-Joseph Jacobs, conseiller-secrétaire du roi, écuyer, seigneur d'Hailly et du fief d'Aigremont, sis à Ennevelin, près de Lille, avait le goût des voyages. Au mois de janvier 1695, il perdit sa femme ; comme dérivatif au chagrin qu'il éprouva de cette mort, il entreprit un nouveau voyage, et, depuis lors, chaque année pendant la belle saison, il visitait quelques-unes de nos provinces de France ; il visita aussi les Pays-Bas, et, en 1699-1700, il se rendit en Italie ; ce dernier voyage a fait l'objet d'un troisième manuscrit de 176 pages d'un format plus grand, qui se trouve également à la bibliothèque communale de Lille sous le numéro 527.

Jacobs d'Hailly n'eut assurément pas l'intention de livrer ses impressions à la publicité ; c'est pour lui seul qu'il les a rédigées ; le style et l'orthographe laissent souvent fort à désirer ; j'ai dû parfois opérer des corrections urgentes. Néanmoins, la lecture de son œuvre est instructive et agréable, et l'on ne tarde point à s'apercevoir que l'auteur joignait à une instruction solide un réel talent d'observation. La relation de ce voyageur est d'autant plus intéressante pour notre région que, souvent, elle contient la description de monuments qui ont disparu un siècle plus tard lors de la tourmente révolutionnaire ; d'autres ont été profondément modifiés depuis.

Le *Journal des Voyages* de ce gen-

tilhomme a fait l'objet d'une étude de
la part d'un érudit lillois. En effet,
M. L. Quarré-Reybourbon a eu la
bonne pensée de communiquer au
congrès des Sociétés savantes à la Sor-
bonne, en 1897, une notice substan-
tielle, qui a paru dans le *Bulletin de
géographie historique et descriptive ;*
nous y renverrons le lecteur.

Alcius LEDIEU.

Suite du journal du voyage de France dans les provinces de Picardie, Normandie et Bretagne, comté de Ponthieu, avec une partie du Maine (Page 159).

Ayant vu, l'année 1690, les provinces principales du royaume de France; n'ayant pas encore vu la Normandie et la Bretagne, je résolus avec un de mes amis d'aller voir ces deux belles provinces. La guerre empêchait de sortir du royaume et d'aller se promener dans les pays qui ne sont pas de la domination du roi.

Nous partîmes de Lille le 5 septembre 1692, et nous prîmes le carrosse de Paris jusqu'à Arras, onze lieues.

Nous dînâmes à Pont-à-Vendin, six lieues de Lille. Vous passez à la sortie de ce bourg la rivière de la Deule, qui sépare l'Artois de la châtellenie de Lille.

Arras est la ville capitale du comté d'Artois, où réside le Conseil souverain de la province. Cette ville s'est rendue fameuse par les sièges qu'elle a soufferts; elle est fort ancienne. César en parle dans ses commentaires sous le nom d'*Atrebatum,* qui lui est resté. Elle est située sur la rivière de Scarpe. Divisée en deux parties ou deux villes, la plus grande partie se nomme la ville et l'autre la cité, toutes deux très belles ; les rues sont fort larges, remplies de grosses maisons bien bâties. Cette ville n'est pas peuplée, et c'est ce qui la rend fort morte et de petit commerce. Elle est très bien fortifiée avec une bonne citadelle à cinq bastions qui est très solide. Outre le conseil souverain de la province, il y a un évêché suffragant de Cambrai. M. Guy de Sené de Rochechouart en est évêque. M. le duc d'Elbeuf est gouverneur général de la province et de toute la Picardie.

Nous commençâmes à voir cette ville par la plus grande partie, qui est la Ville. Nous allâmes voir l'abbaye de Saint-Vaast, qui est la plus riche abbaye de tous les Pays-Bas. L'église en est parfaitement belle et fort grande, ornée d'une tour nouvellement bâtie en dôme, qui est d'une magnificence surprenante ; ce sont trois ordres d'architecture les uns sur les autres, savoir le corinthien, l'ionique et le dorique, le tout couronné d'un dôme tout doré ; c'est l'une des plus hautes tours des Pays-Bas ; elle a coûté 40.000 écus.

La bibliothèque est fournie de tous les meilleurs livres que l'on trouve et remplie d'une quantité prodigieuse de manuscrits

très rares ; la malpropreté et la négligence
des moines les laissent périr ; c'est une pitié
de voir tant de beaux livres se gâter et pour-
rir les uns sur les autres sans être arrangés.
Pour ce qui est du bâtiment, il est fort ancien
et n'a rien de magnifique. Le cardinal de
Bouillon en est abbé commendataire.

De Saint-Vaast, nous allâmes voir l'église
des Jésuites qui est jolie, et puis, aux Capucins, où il y a deux fort beaux tableaux de
Rubens. L'église des Jacobins est très mal
entendue, quoique neuve, au milieu du
marché aux grains ; il y a une petite chapelle bâtie en dôme, où l'on garde une
chandelle miraculeuse, que l'on dit avoir
été apportée du ciel par les anges. Dans ce
même marché est la maison de ville, qui
n'a rien de beau que sa façade avec une
tour de pierres de taille tout à jour ; c'est
une pièce des plus hardies que l'on puisse
voir. Le grand marché est là auprès ; il est
si grand qu'il contiendrait dix mille hommes en bataille. A chaque bout, il y a un
corps de garde, ce qui se voit dans presque
toutes les grandes places de cette ville. Le
marché au blé et le grand marché sont
entourés de grandes galeries en arcades sur
sur lesquelles sont bâties les maisons, toutes d'une même architecture, ce que l'on
continue fait à fait que l'on abat les vieilles
maisons de bois.

Ayant vu tout ce qu'il y a de remarquable dans la ville, nous allâmes voir la Cité, qui est séparée de la Ville par un grand fossé et une forte muraille avec un pont-levis qui se lève toutes les nuits.

Nous allâmes d'abord voir la cathédrale, dédiée à N.-D. C'est l'une des plus belles églises que l'on puisse voir et des plus régulières. Le chapitre de cette église est très considérable ; il est composé de quarante chanoines et de cinquante-deux chapelains ; tous ces canonicats sont de la collation de l'évêque. Il y a un très beau trésor dans cette église, rempli de très belles reliques et de plusieurs mitres toutes brodées de perles. Une des belles reliques qu'il y a et qui est au-dessus du grand autel, c'est de la sainte manne qui est tombée au désert pour nourrir les Israélites après le passage de la mer Rouge.

Nous allâmes ensuite voir l'évêché, qui n'a rien de beau que le jardin, qui est très grand. L'église et l'évêché, c'est tout ce qui mérite d'être vu dans la Cité, qui est très belle et mieux bâtie que la Ville, les rues beaucoup plus larges. Cette partie a son magistrat particulier et sa justice, et tout s'y passe sans aucun rapport avec la Ville. La Cité est sujette à l'évêque.

Une des curiosités d'Arras, ce sont les caves, qui sont d'une profondeur extraordinaire ; il s'en trouve trois les unes sur les autres ; pour aller à la dernière, l'on descend six-vingt degrés ; ceux du pays appellent ces caves des boves.

L'Artois a eu ses comtes particuliers depuis l'année 1237, que le roi saint Louis l'érigea en comté en faveur de Robert, son frère, qui fut tué à la bataille de la Massour, en Égypte, le 9 février 1249, jusqu'en 1318, qu'il fut adjugé par arrêt à Mahaut, fille de Robert II, à cause de l'opposition d'un mâle en ligne collatérale, laquelle porta l'Artois à Othon IV comte de Bourgogne ; il retourna à la France par le mariage de Jeanne, héritière d'Artois et de Bourgogne, à Philippe V, qui la donna pour dot à Marguerite, sa seconde fille, qui épousa Louis de Créci, comte de Flandre. Ce comté demeura confondu dans la maison de Flandre et fut porté à la maison de Bourgogne par Marguerite de Flandre, fille de Louis de Male dor comte de Flandre, qui épousa, en 1369, Philippe de France, premier duc de Bourgogne. De la maison de Bourgogne, ce comté passa avec les autres provinces à la maison d'Autriche par le mariage de Marie de Bourgogne, fille unique de Charles le Hardi, dernier duc de Bourgogne, qui fut tué près de Nancy en 1477, avec Maximilien d'Autriche, qui la laissa à son successeur Philippe, père de Charles V, empereur, qui le donna à la branche d'Espagne, où il demeura jusqu'à ce que les Français l'eussent reconquis, et il leur fut cédé par la paix des Pyrénées, article 35, en 1659.

Nous logeâmes à Arras dans la Ville, au *Chef Saint-Jean*, où l'on est assez bien.

Le 6, nous prîmes la poste pour Amiens, faute d'autre voiture. Nous passâmes par Doullens, qui est la première ville de Picardie, à huit grosses lieues d'Arras.

Doullens est une petite ville située sur la rivière d'Authie, au pied de deux collines, sur l'une desquelles est bâtie la citadelle, composée de quatre gros bastions royaux revêtus et très bien entretenus. La rivière d'Authie sépare la ville de la citadelle. Nous mangeâmes un morceau à l'*Ecu de France*, où l'on est bien.

Nous reprîmes la poste ; nous changeâmes de chevaux à Talmas (3 lieues) et puis vous arrivez à Amiens (4 lieues). Tout le pays que nous passâmes est tout rempli de montées et de descentes ; la terre est fort pierreuse et blanchâtre ; néanmoins, ce pays est assez fertile en blé, et l'on voit même du lin en assez grande quantité ; il est fort découvert sans aucun arbre.

Amiens est la ville capitale de Picardie ; elle est située sur la rivière de Somme, qui va se jeter dans la mer à Saint-Valery. Cette rivière lui est d'une fort grande utilité pour son négoce ; elle prend sa source près de Saint-Quentin en un lieu nommé Fonsomme. Il y a en cette ville généralité, présidial, cour des monnaies et évêché dont M.   est évêque, suffragant de Reims (1). Cette ville est très ancienne ; elle était connue longtemps avant César, contre lequel les habitants combattirent très vaillamment pour leur liberté. Les Espagnols prirent cette ville par stratagème, après avoir fait renverser une charrette chargée de noix dans le milieu de la porte. Le roi Henri IV la reprit la même année, qui fut en 1597, et il y fit bâtir une citadelle près de la rivière que l'on nomme des Célestins ; elle est composée de cinq gros bastions tous revêtus. Le roi y entretient toujours une garnison qui est très faible. Les fortifications de la ville ne consistent qu'en une simple muraille avec des fossés secs d'une profondeur extraordinaire. Cette ville est assez grande, de forme ronde. Les rues sont assez bien percées, mais remplies de fort vilaines maisons, toutes bâties en bois ; néanmoins, elle est bien peuplée.

Nous commençâmes à voir la ville par l'église cathédrale, dédiée à N.-D. ; elle est d'une beauté achevée et ne doit céder à

(1) Henri Feydeau de Brou fut nommé par le roi le 13 mai 1687, huit jours après la mort de François Faure, mais il ne reçut l'institution canonique qu'au mois d'août 1692.

aucune église du royaume. La façade est de même architecture et de même dessin que celle de l'église N.-D. à Paris, ornée de grosses tours sans flèches ou pyramides. Le dedans de l'église est orné de plusieurs épitaphes et tombeaux de marbre ; les plus curieux sont ceux du cardinal Aymar du Puy, de M. Faure, dernier évêque d'Amiens, et de M. Christophe de Lannoy de la Boissière. Il semble que l'on ait ramassé tous les plus vieux tableaux de la ville pour en orner les piliers de cette église, et que l'on préfère les vieux tableaux aux modernes. On voit dans cette église, dans une chapelle haute à gauche, où il faut monter vingt ou trente degrés, une très belle relique, qui est la tête de saint Jean-Baptiste. Walon de Sarton, gentilhomme picard, en fit présent à cette église, où il avait un frère chanoine. Il s'était croisé pour le voyage d'outre-mer, et il se trouva à la prise de Constantinople en 1204, où il trouva cette relique, dont il voulut enrichir son pays. La relique est dans le milieu d'un plat d'or, couvert d'un cristal, qui est recouvert d'un chef de vermeil doré ; cette précieuse relique est tout entière, excepté la mâchoire d'en bas, avec la peau desséchée sur les os ; le nez est endommagé n'y ayant plus de cartilage. Au-dessus du grand autel est le corps entier de saint Firmin, premier évêque d'Amiens ; il est dans une châsse d'or massif, longue de quatre ou cinq pieds, parfaitement bien travaillée.

L'église des Ursulines est un petit bijou ; les murailles sont garnies de plusieurs pièces de tapisseries que les religieuses ont travaillées elles-mêmes, de même que le tableau du grand autel, qui est une *Assomption de la Vierge* ; le tabernacle est d'une beauté qui charme ; il ne manque à cette église qu'un pavé de marbre pour la rendre parfaite.

L'église des Cordeliers, où nous avons entendu la messe, n'a rien de considérable que le tombeau de M⁰ Nicolas de Lannoy d'Ameraucourt, gouverneur du comté d'Eu ; c'est assurément l'un des plus somptueux monuments que l'on puisse voir. Il est à genoux dessus avec sa femme et la Renommée entre eux, tenant leurs armes. Il est tout de marbre blanc et noir.

Voilà ce qu'il y a de curieux à voir à Amiens dans les églises.

La promenade des remparts est très belle ; on est toujours entre deux rangées d'arbres tirées à la ligne ; les remparts servent de promenade aux dames.

Nous logeâmes à *la Coqueluche*, où l'on est parfaitement bien.

Le 9, nous partîmes pour Abbeville. Nous prîmes la voiture ordinaire, qui est un fregon ou petite charrette que quatre chevaux mènent toujours au trot. Nous dînâmes à Flixecourt à l'*Ecu de France*; c'est la moitié du chemin. Depuis Amiens jusqu'à une lieue par delà Flixecourt, le pays est fort méchant, extrêmement pierreux et montueux, mais, après cela, le pays est parfaitement beau, fort uni ; vous passez des plaines à perte de vue où vous ne voyez que le ciel et la terre sans aucun buisson ; vous côtoyez presque toujours la rivière de Somme, que vous laissez sur la gauche. Il y a dix lieues d'Amiens à Abbeville.

Abbeville est la ville capitale du comté de Ponthieu, qui a eu ses comtes particuliers jusqu'en l'an 1369, qu'il fut réuni à la couronne par la conquête qu'en fit Charles V sur les Anglais, à qui il était échu par le mariage d'Éléonore de Castille, fille de Jeanne, comtesse de Ponthieu, qui avait épousé Édouard Ier, roi d'Angleterre.

Cette ville est située à quatre lieues de la mer, sur la rivière de la Somme, qui traverse la ville en plusieurs endroits, se divisant en plusieurs branches qui se rejoignent toutes au-dessous de la ville. Cette ville est d'une situation très forte au milieu des marais, et retenant les eaux de la rivière, vous inondez tout le pays d'alentour; il n'y a qu'un endroit par où on peut l'attaquer. On la fortifie de ce côté d'un ouvrage à corne et d'une contre-garde, et l'on travaille à réparer les murailles du corps de la place. On la nomme la Pucelle et la Fidèle, à cause qu'elle n'a jamais été prise. Pour ce qui est de la beauté de la ville, c'est une grande villace, fort grande; il n'y a que le milieu de la ville qui est habité, le reste n'est que du jardinage et même, l'on y laboure. Il n'y a pas une église qui peut passer pour belle. Saint-Vulfran, la première église, n'est pas encore achevée; il n'y a qu'une partie de la grande nef et de la façade. Cette façade est de même dessin que celle d'Amiens, avec deux grosses tours aux côtés. La promenade de la Portelette est ce qu'il y a de plus beau à voir; c'est le cours d'Abbeville. On travaille dans cette ville de très belles et bonnes armes à feu. Nous logeâmes à la *Tête de Bœuf*, où l'on est parfaitement bien, mais fort cher.

Le 11, nous partîmes d'Abbeville en chaise de poste fort mal attelée pour aller coucher à Eu (huit lieues). Vous passez les villages suivants: Miannay, Valines, Fressenneville, où l'on rafraîchit, et Woincourt.

Eu est la ville capitale du comté du même nom, qui a eu et qui a encore ses comtes particuliers, mais ils n'en portent pas le nom. Mlle d'Orléans est à présent comtesse d'Eu; elle y a un château parfaitement beau, principalement pour ce qui est du dedans. Dans le grand salon sont tous les portraits des princes de la maison de Lorraine depuis René II, qui défit les Bourguignons près de Nancy, jusqu'à présent. Dans la galerie sont les portraits des ducs de Bourbon, de Montpensier et de Vendôme. Derrière le château, il y a une très belle promenade d'où l'on a la vue jusqu'au Tréport, qui est un petit village situé au bord de la mer, à l'embouchure de la rivière de la Bresle; dans les hautes marées, la mer vient battre jusqu'aux murailles du jardin, qui est très peu de chose pour un si beau château. Cette ville est située au pied de plusieurs petites montagnes sur la rivière de la Bresle, à une lieue de la mer, dont le reflux vient jusqu'à la ville. Cette ville porte le titre de comté-pairie. La grande église, dédiée à S. Laurent, est fort belle pour sa structure, mais elle est d'une malpropreté extraordinaire en dedans. On y voit les tombeaux des comtes et comtesses d'Eu, entre autres celui de Philippe, comte d'Eu, connétable de France ; sur une colonne de marbre noir du côté de l'Évangile, est le cœur de Catherine de Clèves, femme de Henri Ier, duc de Guise. Le chœur de cette église est occupé par des moines de l'ordre de (1) et il y a un autre chœur dans la grande nef pour le curé et les prêtres qui desservent cette église. Elle est toute couverte de plomb, de même que le clocher.

Pour ce qui est de la ville, elle est fort vilaine. Toutes les maisons sont bâties de plâtre ou de bois et les meilleures de pierres à feu. Les Jésuites y ont un beau collège. La rivière qui passe au pied des murailles de la ville sépare la Normandie de la Picardie. Nous logeâmes au *Cygne*, où l'on est parfaitement bien traité, mais fort malproprement couché.

Le 12, nous partîmes d'Eu pour Dieppe, qui en est éloigné de six petites lieues.

Suite du Journal du voyage de France dans les provinces de Picardie, Champagne, Lorraine, Alsace, les Trois-Évêchés, duché de Bar avec une partie de la Brie (Page 264).

Cherchant de trouver du soulagement aux chagrins et à l'affliction que je ressentais par la cruelle perte que j'avais faite de la personne qui faisait seule le bonheur de ma vie, je voulus éprouver si le voyage ne pourrait pas faire quelque effet sur mon esprit accablé de douleur, en dissipant les

____
(1) De S. Augustin.

mortels chagrins que je ressentais d'une si cruelle séparation. A cet effet, je résolus d'aller voir le reste du royaume de France, que je n'avais pas encore vu, non plus que les conquêtes du roi sur le Rhin.

Je partis de Lille le 22 août 1695 avec le même ami qui m'a toujours tenu fidèle compagnie dans mes deux précédents voyages.

Nous allâmes coucher à Douai (sept lieues). Nous allâmes dîner à trois lieues de Lille dans une de mes terres nommée Aigremont ; nous en repartîmes à trois heures. Nous passâmes la Marque à une portée de mousquet du château et nous regagnâmes le grand chemin au pont à Marcq ; nous passâmes ensuite Bersée, gros village, Pont-à-Rache, où nous passâmes la rivière de la Scarpe, qui va se jeter dans l'Escaut à Montagne ; elle prend sa source près du Mont-Saint-Éloi, en Artois. Vous laissez à demi-lieue de vous, sur la gauche, l'abbaye de Flines, à une lieue, l'abbaye d'Anchin, qui méritent bien que l'on se donne la peine de les aller voir ; la première est une abbaye de filles et la dernière d'hommes, toutes deux de l'ordre de S. Benoît.

Du Pont-à-Rache à Douai, il n'y a plus qu'une lieue, où vous arrivez en côtoyant quasi toujours la Scarpe. A un bon quart de lieue de la ville, vous laissez le fort de la

Scarpe à votre droite ; c'est un fort royal à quatre bastions bien revêtus avec chacun leur demi-lune et de bons fossés remplis d'eau de la rivière de la Scarpe ; il est bâti sur cette rivière au milieu des marais ; ce fort a été bâti pour défendre les écluses qui servent à retenir les eaux pour inonder une grande partie des environs de la ville de Douai.

Douai est la troisième ville de la Flandre gallicane, située sur la rivière de la Scarpe, qui la traverse d'un bout à l'autre ; c'est une grande villace mal peuplée, qui n'est remplie que d'écoliers, à cause de son université, qui la rend considérable. Les rues sont larges et très bien percées avec de très grandes places, mais les maisons sont très mal bâties. Tout le négoce de Douai est dans les grains ; il s'y en fait un très grand commerce.

Nous commençâmes à voir la ville par la principale église, qui est Saint-Amé ; c'est une collégiale ; elle est très belle, particulièrement le chœur, qui est nouvellement bâti. La chapelle du Saint-Sacrement de Miracle est très considérable par les ornements et l'argenterie dont elle est ornée les grands jours, de même que le grand autel du chœur, où l'on voit de très grandes pièces d'argenterie. Les orgues de cette église sont parfaitement belles. Nous allâmes ensuite voir l'église des Minimes, qui n'en est pas éloignée, qui est très belle ; elle est nouvellement bâtie ; c'est l'une des jolies églises et des mieux enjolivées que l'on puisse voir. La chapelle des Annonciades, qui est là auprès, est aussi très jolie, bâtie nouvellement. L'église des Carmes déchaussés est belle ; celle des Jésuites l'est aussi, mais ce n'est que pour les embellissements que l'on y a faits et que l'on continue encore de faire tous les jours par les dons que font les écoliers à la fin de leurs cours ; on ne manque point à y mettre leurs noms. Le collège de ces R. P. est parfaitement bien ; ils ont l'une des belles bibliothèques que l'on puisse voir, d'une grandeur extraordinaire, bien remplie de livres et boisée parfaitement bien et entretenue de même. L'église que les Carmes chaussés font bâtir sera très belle étant achevée. L'église paroissiale de Saint-Jacques, celle des Jacobins, l'église des Bénédictins anglais réformés méritent bien aussi d'être vues. Il y a encore une église collégiale dédiée à S. Pierre, qui n'est nullement belle et qui ressemble plutôt à une grange qu'à une église.

Après avoir vu toutes les églises, nous allâmes voir la fonderie de canons, l'arsenal, le jardin des Capucins et l'abbaye des Prés ; ce sont tous lieux que l'on ne doit pas liger d'aller voir.

L'Université a été fondée et établie l'an 1563 par Philippe second, roi d'Espagne, à l'instance du pape Pie IV, et son successeur, Pie V, la confirma en 1569. Elle est générale pour toutes les sciences. Il y a quatre collèges pour la philosophie, savoir : le roi, Anchin, Marchiennes et Saint-Vaast ; Anchin et Marchiennes sont gouvernés par les Jésuites, à qui les moines de Marchiennes et d'Anchin donnent pension ; les moines de Saint-Vaast enseignent dans leur collège, et celui du roi est régenté par des prêtres séculiers qui ont pension du roi. Les Jésuites enseignent aussi la théologie, mais l'on est obligé d'aller prendre ses degrés au collège public, où l'on enseigne aussi la théologie, le droit et la médecine ; toutes les leçons sont données par le roi. L'Université a sa justice particulière ; outre celle-là, il y a la gouvernance, qui est la justice établie pour la campagne.

La juridiction et châtellenie de cette ville fait le second membre de la châtellenie de Lille.

Une des beautés ou plutôt curiosités à considérer est l'architecture de la maison de ville, ornée de plusieurs grandes figures au naturel des princes de la maison d'Autriche.

Nous logeâmes au *Lion d'Or*, où l'on est très bien.

Nous en partîmes le 24 pour aller coucher à Cambrai, qui en est éloigné de cinq lieues. On passe les villages de Neuville, Sancourt et Blecourt. On passe à moitié chemin un petit ruisseau et l'Escaut avant que d'entrer dans la ville.

Cambrai est la ville capitale du Cambrésis, située sur la rivière de l'Escaut, qu'un petit bras traverse. C'est un archevêché depuis l'an 1559, que le pape Paul II érigea d'évêché en archevêché à la prière de Philippe II, roi d'Espagne ; M. l'abbé Fénelon, précepteur des enfants de France, est archevêque-duc de Cambrai et comte de Cambrésis, prince du Saint-Empire. Les archevêques étaient autrefois souverains indépendants d'aucun prince.

Cette ville s'est rendue recommandable par les sièges qu'elle a soutenus ; elle est très bien fortifiée et défendue d'une très bonne citadelle de quatre bastions, avec chacun leur demi-lune et entourée de fossés d'une profondeur extraordinaire, taillés dans le roc à fond de cuve. Cette ville est très peu peuplée ; les rues sont larges, remplies de grandes maisons ; le marché est très spacieux. Le bâtiment de la maison qui fait face au marché est très beau, embelli de figures ; au-dessus est l'horloge, où est le fameux Martin de Cambrai et sa femme, qui frappent l'heure avec un marteau qu'ils ont à la main.

Nous commençâmes à voir la ville par la métropolitaine, dédiée à Notre-Dame, qui est une très belle église, particulièrement le chœur; le jubé est parfaitement beau, tout de marbre noir, enrichi de feuillage de cuivre ou autres ornements. Le trésor de cette église est très riche, de même que celui de la chapelle de N.-D. de Grâce, qui s'est rendue fameuse par tout le monde par les miracles qui s'y font journellement; l'autel de cette chapelle est toujours orné d'une magnificence surprenante; tout y est d'argent; le devant d'autel, les passés, le tabernacle, en un mot jusqu'à la clochette. On nous fit voir l'image miraculeuse de la Vierge, qu'on dit avoir été peinte par S. Luc; elle est du côté de l'évangile, dans une niche fermée d'une grille de fer doré et d'une porte de bois; cette sainte image est de même que les médailles que l'on en voit; le visage est fort brun; ce tableau est enrichi d'une quantité prodigieuse de pierreries. Il y a, dans cette chapelle, plus de cinquante grosses lampes d'argent; ce sont tous dons que l'on y a faits. Il y a tout en haut, à un pied près la voûte, vingt à vingt-cinq cornettes ou étendards que les Espagnols ont offerts à la Vierge, les ayant pris sur les Français. Dans la croisée, à droite, il y a une horloge qui fait tourner, quand l'heure sonne, tous les mystères de la Passion et marque en outre l'heure, les mois, le cours de la lune, le cours du soleil dans le zodiaque. Après avoir vu le dedans de l'église, nous montâmes à la tour, qui a l'une des plus belles flèches qui soient au monde; la flèche est aussi haute que la tour; on monte, pour arriver aux galeries qui sont au pied de la flèche, trois cents degrés; cette flèche est un ouvrage des plus hardis que l'on puisse faire, toute de pierre de taille, travaillée à jour sans aucun soutien, barreaux de fer ou autre, et la maçonnerie n'a pas plus de trois quarts de pied d'épaisseur. On voit dans cette tour une grande quantité de grosses cloches, particulièrement une qui surpasse toutes les autres, que l'on appelle Marie Fontenoise. Cette église métropolitaine est desservie par cinquante chanoines et quatre-vingt-quinze autres ecclésiastiques dont les canonicats sont les plus honorables et les meilleurs de tous les Pays-Bas.

Ayant vu tout ce qu'il y avait à voir dans cette église, nous allâmes voir l'archevêché, qui est là auprès. C'est un très beau bâtiment; le jardin est très beau.

L'abbaye de Saint-Aubert, de l'ordre de S. Augustin, n'en est pas éloignée. Le quartier de l'abbé et celui des religieux est très magnifiquement bâti ; quant à l'église, il n'y a rien de beau, quoiqu'elle soit nouvellement bâtie. Le quartier de l'abbé est occupé par le comte de Montbron, gouverneur de Cambrai et du Cambrésis, lieutenant général de tout le gouvernement de Flandre.

Nous allâmes ensuite voir l'église de Saint-Géri, qui est une collégiale, où il n'y a rien à voir qu'un jubé de marbre noir enrichi de plusieurs ornements de cuivre et une fort belle tapisserie qu'il y a dans le chœur.

Nous allâmes ensuite voir l'église des Jésuites, qui est très belle, nouvellement bâtie ; leur collége, quoique vieux, est très beau ; il y a un jardin très agréable qui mérite bien que l'on s'y aille promener. L'église de ces R. P., la maison des Filles de Sainte-Agnès et le palais de l'archevêque ont été bâtis aux frais de M. l'archevêque Vanderburcq, qui est enterré aux Jésuites à Mons. Les autres églises de Cambrai, quoiqu'en assez grand nombre, ne méritent pas qu'on les voie.

Il y a plusieurs maisons particulières à Cambrai qui méritent d'être vues pour les diverses curiosités que l'on y voit : la maison de l'archidiacre Vanderburcq, où il y a un des jolis jardins que l'on puisse voir et un très beau tableau de Momper peint sur marbre, pointillé comme la miniature ; la maison de M. le chanoine d'Or, où il y a de très beaux tableaux et un très beau jardin ; M. le chanoine Lambert a aussi de très beaux tableaux de Carlo Maratto.

Voilà tout ce qu'il y a de considérable et de curieux à Cambrai.

Nous logeâmes à l'*Épercier*, où l'on n'est pas des mieux.

Le 26, nous partîmes de Cambrai pour aller coucher à Saint-Quentin. Nous dînâmes au Catelet, cinq lieues avant d'y entrer. Vous passez l'Escaut, qui prend sa source à un quart de lieue de là, près d'une petite abbaye nommée le Mont-Saint-Martin. Le Catelet était autrefois fortifié ; on en a rasé les fortifications depuis que Cambrai est au roi ; c'est un méchant bourg qui n'a qu'une rue. Nous logeâmes au *Grand Saint-Pierre*, où l'on est bien.

On compte du Catelet à Saint-Quentin cinq lieues. Tout le pays, dès que vous sortez de Cambrai, n'est qu'une plaine à perte de vue, à toujours monter et descendre.

Saint-Quentin est l'*Augusta Viromanduorum* des anciens et l'une des principales villes de Picardie, située au bord de la rivière de Somme qui coule au pied de ses remparts ; elle est très bien fortifiée. Cette ville est très jolie et bien peuplée ; les rues sont larges et bien percées ; quant aux maisons, elles sont de plâtre. Nous allâmes voir la grande église, qui est l'une des belles églises que j'aie vues, sans aucun embarras de bancs ou autres choses ; il y a double croisée, ce qui fait la forme d'une croix papale. Les remparts sont très beaux, très bien plantés d'arbres ; c'est le cours ou la promenade ordinaire de Saint-Quentin. Cette ville est de forme carrée ; nous logeâmes au *Cygne*, où l'on est très bien.

Le 27, nous prîmes la poste pour aller dîner à Laon. Je renvoyai mon carrosse avec mes chevaux, qui m'avaient amené jusqu'ici. Nous nous servîmes des mêmes chevaux jusqu'à La Fère (cinq lieues).

La Fère est la première ville de Champagne, située sur la rivière d'Oise. C'est une méchante bicoque où il n'y a rien à voir. Le duc de Mazarin, à qui appartient la terre, y a un château très bien bâti, mais qui n'est point entretenu. Nous mangeâmes un morceau à la *Chasse royale*, qui est la poste, où nous changeâmes de chevaux.

Nous en partîmes à neuf heures et arrivâmes à Laon à onze heures, éloigné de cinq grosses lieues, dans un pays très montagneux et sablonneux, rempli de grands bois, qu'il faut nécessairement passer ; ce sont de véritables coupe-gorge. Avant que d'arriver à Laon, vous passez aux portes de

Crépy-en-Laonnois, qui est un gros bourg.

Laon est la seconde ville du comté de Champagne ; elle est bâtie dans la situation la plus avantageuse que l'on saurait désirer pour la bien fortifier ; on pourrait en faire une place imprenable ; elle occupe tout le sommet d'une montagne qui s'élève au milieu d'une plaine à perte de vue, escarpée de tous les côtés, de telle manière que l'on n'y peut monter que par les deux chaussées que l'on y a faites, qui sont même très difficiles à monter. Toute la croupe de la montagne est plantée de vignobles.

Laon est évêché suffragant de Reims ; M. de Clermont en est évêque ; il porte la qualité de duc et pair de France ; c'est l'un des trois ducs et pairs ecclésiastiques qui assistent au couronnement des rois.

Outre que cette ville est un évêché, il y a présidial, bailliage et élection. Toute cette ville consiste en deux grandes rues qui la traversent d'un bout à l'autre, savoir, depuis la citadelle jusqu'à l'abbaye de Saint-Martin, qui est à l'autre extrémité de la ville ; elle est très peuplée et remplie de beaucoup d'honnêtes gens.

Nous commençâmes à voir la ville par l'église cathédrale dédiée à N. D., qui est très belle et d'une grandeur extraordinaire sans aucun embarras comme il y a dans plusieurs églises. Le chœur est d'une beauté

Le 26, nous partîmes de Cambrai pour aller coucher à Saint-Quentin. Nous dînâmes au Catelet, cinq lieues avant d'y entrer. Vous passez l'Escaut, qui prend sa source à un quart de lieue de là, près d'une petite abbaye nommée le Mont Saint-Martin. Le Catelet était autrefois fortifié ; on en a rasé les fortifications depuis que Cambrai est au roi ; c'est un méchant bourg qui n'a qu'une rue. Nous logeâmes au *Grand Saint-Pierre*, où l'on est bien.

On compte du Catelet à Saint-Quentin cinq lieues. Tout le pays, dès que vous sortez de Cambrai, n'est qu'une plaine à perte de vue, à toujours monter et descendre.

Saint-Quentin est l'*Augusta Viromanduorum* des anciens et l'une des principales villes de Picardie, située au bord de la rivière de Somme qui coule au pied de ses remparts ; elle est très bien fortifiée. Cette ville est très jolie et bien peuplée ; les rues sont larges et bien percées ; quant aux maisons, elles sont de plâtre. Nous allâmes voir la grande église, qui est l'une des belles églises que j'aie vues, sans aucun embarras de bancs ou autres choses ; il y a double croisée, ce qui fait la forme d'une croix papale. Les remparts sont très beaux, très bien plantés d'arbres ; c'est le cours ou la promenade ordinaire de Saint-Quentin.

Cette ville est de forme carrée ; nous logeâmes au *Cygne*, où l'on est très bien.

Le 27, nous prîmes la poste pour aller dîner à Laon. Je renvoyai mon carrosse avec mes chevaux, qui m'avaient amené jusqu'ici. Nous nous servîmes des mêmes chevaux jusqu'à La Fère (cinq lieues).

La Fère est la première ville de Champagne, située sur la rivière d'Oise. C'est une méchante bicoque où il n'y a rien à voir. Le duc de Mazarin, à qui appartient la terre, y a un château très bien bâti, mais qui n'est point entretenu. Nous mangeâmes un morceau à la *Chasse royale*, qui est la poste, où nous changeâmes de chevaux.

Nous en partîmes à neuf heures et arrivâmes à Laon à onze heures, éloigné de cinq grosses lieues, dans un pays très montagneux et sablonneux, rempli de grands bois, qu'il faut nécessairement passer ; ce sont de véritables coupe-gorge. Avant que d'arriver à Laon, vous passez aux portes de Crépy-en-Laonnois, qui est un gros bourg.

Laon est la seconde ville du comté de Champagne ; elle est bâtie dans la situation la plus avantageuse que l'on saurait désirer pour la bien fortifier ; on pourrait en faire une place imprenable ; elle occupe tout le sommet d'une montagne qui s'élève au milieu d'une plaine à perte de vue, escarpée de tous les côtés, de telle manière que l'on

n'y peut monter que par les deux chaussées
que l'on y a faites, qui sont même très
difficiles à monter. Toute la croupe de la
montagne est plantée de vignobles.

Laon est évêché suffragant de Reims ;
M. de Clermont en est évêque ; il porte la
qualité de duc et pair de France ; c'est
l'un des trois ducs et pairs ecclésiastiques
qui assistent au couronnement des rois.

Outre que cette ville est un évêché, il y a
présidial, bailliage et élection. Toute cette
ville consiste en deux grandes rues qui la
traversent d'un bout à l'autre, savoir,
depuis la citadelle jusqu'à l'abbaye de Saint-
Martin, qui est à l'autre extrémité de la
ville ; elle est très peuplée et remplie de
beaucoup d'honnêtes gens.

Nous commençâmes à voir la ville par
l'église cathédrale dédiée à N. D., qui est
très belle et d'une grandeur extraordinaire
sans aucun embarras comme il y a dans
plusieurs églises. Le chœur est d'une beauté
achevée. Nous eûmes le bonheur de nous y
trouver la veille de la Dédicace générale du
diocèse, et, par ce moyen, nous vîmes l'autel orné avec toute l'argenterie, qui est très
belle, et le chœur tendu d'une tapisserie qui
correspondait à tout le reste. Ce grand
vaisseau est embelli au dehors de sept clochers, qui font découvrir cette église de dix
lieues de loin. Ayant vu cette église, nous

passâmes à l'autre bout de la ville pour aller voir l'abbaye de Saint-Martin, de l'ordre de Prémontré, où il y a une très jolie église. On nous fit voir le trésor, où il y a plusieurs pièces très considérables, entre autres une grande croix de vermeil antique, garnie de pierreries, où il y a du bois de la vraie croix, le bras gauche jusqu'au coude de S. Laurent, où l'on voit encore les ongles. Il y a encore quantité d'autres reliques qui ne sont pas fort considérables. Le bâtiment de cette abbaye est assez beau, mais le jardin, qui est la promenade de la ville, est très beau ; ce n'est qu'un grand carré de potager ; les allées en sont charmantes. En retournant à l'auberge, nous vîmes la petite église de Saint-Brice, qui est très propre. Ayant dîné, nous allâmes promener vers la citadelle, qui a quatre bastions, qu'on laisse tomber en ruine, n'y ayant personne qui l'habite, pas même un homme de garde. Au faubourg de Neuville, on voit la Sainte-Face, que nous n'eûmes pas le temps d'aller voir. Nous logeâmes au *Dauphin*, où l'on est très bien.

Nous partîmes le même jour de Laon encore en poste, à six heures du soir, pour aller coucher à Liesse, éloigné de trois lieues. Nous descendîmes par la même porte que nous étions entrés, n'y ayant que deux portes à Laon, l'une du côté de la

Picardie et une du côté de la France. Nous sortîmes par la porte de Picardie ; nous traversâmes le faubourg de Vaux ; nous passâmes ensuite au village de Gizy. Vous avez après à passer une grande lieue de bois, qui est la forêt de Samoussy, puis Athies, village, et N.-D. de Liesse ensuite (trois lieues).

Liesse est une petite ville de Champagne fort renommée par la dévotion que tout le monde y a d'aller servir une image miraculeuse de la Vierge, qui a été miraculeusement apportée de Barbarie par trois frères qui étaient prisonniers pour la foi, qui se sont trouvés en une nuit transportés en France. L'affluence du peuple y est extraordinaire ; il en vient de tous les endroits du royaume. L'église n'est pas belle. L'image de N.-D. est au-dessus du grand autel, qui était très magnifiquement orné à cause de la Dédicace générale du diocèse de Laon. Les lampes, les chandeliers, les figures d'argent n'y manquent pas, et toutes les murailles du chœur sont tapissées de dons votifs d'argent. Nous logeâmes à l'*Écu de France*, où l'on est passablement bien.

Le 28, nous reprîmes encore la poste, ayant entendu la messe devant l'image miraculeuse de la Vierge pour la prier de nous conserver pendant le reste de notre voyage. Au sortir de Liesse, nous entrâmes dans les bois que nous ne quittâmes qu'à une lieue de Corbigny. Vous passez le village de Montaigu, qui est tout au milieu des bois.

Corbeny est un gros bourg éloigné de quatre lieues de Liesse. C'est encore un lieu de dévotion, où l'on va servir saint Marcoul. Ses reliques reposent dans la grande église de l'abbaye de même nom, dans une grande châsse d'argent, qui est au-dessus du tabernacle du grand autel. Cette abbaye est de Bénédictins réformés. Nous descendîmes de cheval pour faire notre prière au saint, ensuite, nous remontâmes à cheval pour aller prendre d'autres chevaux à Pont-à-Vesle.

Pontavert est un bourg situé au bord de la rivière d'Aisne, qui va se jeter dans la rivière d'Oise à Compiègne. Ayant déjeuné à la *Poste*, nous remontâmes à cheval. Au sortir de ce bourg, l'on passe la rivière d'Aisne dans un ponton. Vous passez Cormicy, gros bourg fermé de murailles, et, jusqu'à Reims, le pays continue toujours à être fort montueux avec des petits bois de temps en temps et si sablonneux que les chevaux ont de la peine à courir. Vous laissez sur votre droite à une lieue de Reims l'abbaye de Saint-Thierry, qui paraît être très belle. Nous arrivâmes à Reims à midi et demi, éloigné de Pontavert de cinq lieues.

Vous entrez dans la Champagne dès que vous avez passé la rivière d'Aisne, qui la sépare de la Picardie. Cette province a eu ses comtes particuliers depuis l'an 958 jusqu'en l'an 1274 que Philippe le Bel épousa Jeanne, reine de Navarre, héritière de Champagne et de Brie, fille de Henri III, dernier comte de Champagne. Depuis lors, cette province a été inséparablement réunie à la couronne.

Reims est la première ville du comté de Champagne, quoiqu'elle n'en soit pas la capitale. Elle est située au milieu d'une plaine, sur la rivière de Vesle, qui coule au pied de ses murailles ; elle prend sa source entre Silly et la Croix, villages de Champagne, et va se jeter dans la rivière d'Aisne, au-dessus de Soissons.

Reims est l'une des anciennes villes du royaume. Ce qui marque encore à présent son antiquité sont les portes de la ville, qui conservent les noms des fausses divinités du paganisme, telles que les portes de Cérès, de Mars, de Dilumière, etc., et le château de César, qui est près de la ville. C'est une très grande ville, mal peuplée, y ayant fort peu de noblesse et de beau monde, presque tous les bourgeois étant marchands de vin, de serges de Reims ou tonneliers. Cette ville est belle en ses bâtiments, toutes grandes maisons bâties de plâtre comme celles de Paris. Il y a sept ou huit rues très belles et fort larges ; les plus considérables sont la Couture et la Basse-Couture, qui font une croisée, où demeurent les plus gros marchands et la plus grande partie des tonneliers.

L'Université rend aussi Reims fort considérable ; elle fut fondée l'an 1549 par Charles de Lorraine, archevêque de cette ville. On n'y enseigne que le droit et la théologie. Outre l'Université, il y a un présidial et élection avec archevêché. L'archevêque prétend être primat des Gaules ; il est le premier duc et pair ecclésiastique, et il sacre les rois de France à leur couronnement. Claude Maurice le Tellier en est présentement archevêque. Le gouverneur général de la province est M. le

Nous commençâmes à voir cette ville par l'église métropolitaine dédiée à N. D., qui est l'une des plus belles églises du royaume. On peut dire que c'est une église d'une beauté achevée ; elle est toute couverte de plomb ; le grand portail ou la façade, que l'on regarde comme un miracle de l'art, est une pièce que l'on ne peut assez considérer. Il y a deux grosses tours qui s'élèvent aux deux côtés, qui l'embellissent beaucoup. Le vaisseau de cette église est l'un des plus grands qu'il y ait dans le royaume. Le maître-autel est au milieu du chœur, précisément au milieu de la croisée de l'église. Tous les ornements généralement qui servent à cet autel le jour des grandes fêtes sont de fin or, même le devant d'autel avec le retour du côté de l'évangile ; le retour du côté de l'épître n'est que de vermeil, ayant été pris pour payer la rançon de François Ier lorsqu'il fut pris à la bataille de Pavie. Les six piliers qui soutiennent les rideaux autour de l'autel sont d'argent, la plus grande partie dorée. Il y a quatre de ces piliers qui ont été donnés pour réparation de quelques vols ou autres crimes, y ayant quatre hommes au bout au lieu d'anges, qui font amende honorable. Le trésor est joignant le derrière de l'autel, dans une espèce de petite chapelle toute de marbre. Au-dessus est une grande croix d'or de la hauteur d'un homme, garnie de fines pierres fort grosses ; on les estime deux millions. Il y a de très grosses pièces dans ce trésor, qui sont des présents que les rois ont faits à leur sacre et qui sont les plus beaux : un navire d'or avec ses cordages, émaillé et garni de pierres précieuses ; c'est le présent que fit Henri III à son sacre ; un buste de S. Louis en vermeil, soutenu par deux anges de même ; c'est le présent qu'a fait Louis XIII ; et un buste de S. Remi en vermeil de même façon que celui de S. Louis ; c'est le présent du roi présentement régnant, avec un ornement complet, fond blanc tout brodé d'or. Il y a encore d'autres pièces en or très belles, principalement une croix où il y a un grand morceau du bois de la vraie croix du bon Dieu. Nous vîmes aussi dans la sacristie, qui est très vaste, belle et bien boisée, tous les ornements qui sont des plus beaux ; les plus belles pièces sont les chapes que donnent chaque évêque suffragant de l'archevêché de Reims lorsqu'ils viennent prêter le serment entre les mains de leur métropolitain. Il y a un grand tableau du côté de l'évangile qui représente la *Cène*, que l'on estime infiniment ; c'est un présent du dernier cardinal de Lorraine.

Au milieu de la grande nef, il y a un petit dôme de marbre ; c'est où était autrefois le grand autel, et jusqu'où S. Nicaise rapporta sa tête après qu'on la lui eût coupée sur les degrés du grand portail en voulant s'opposer aux Huns, qui voulaient entrer par force dans l'église. Cette métropolitaine est depuis desservie par soixante chanoines.

Après avoir tout vu dans cette église, nous allâmes voir l'archevêché qui y tient. M. de Reims d'aujourd'hui l'a bâti tout de neuf, hors le grand salon et la chapelle. Nous commençâmes à voir ce palais par la chapelle, qui est toute blanchie d'un blanc étincelant. L'autel est de même avec tous les filets et moulures dorés. Le tableau est une copie du *Christ en croix* de Michel-Ange, qui est à Rome au Vatican ; c'est la seule copie que l'on en a faite, qui a été tirée par un très habile peintre pour le cardinal Antoine Barbarin, qui l'a apportée de Rome lorsqu'il était archevêque de Reims.

De la chapelle, l'on passe dans le grand salon, qui est orné de tous les portraits de grandeur naturelle des archevêques depuis S. Remi jusqu'à présent. Du salon, vous entrez dans un vestibule qui est aussi orné de plusieurs portraits d'archevêques. A droite et à gauche, vous avez deux grands appartements très magnifiquement meublés, particulièrement celui que l'on appelle l'appartement du roi, qui est d'une magnificence surprenante. Il y a encore au second étage trois beaux appartements qui sont tout aussi bien meublés. Tout ce qui manque à ce palais, c'est un jardin qui est trop petit et que l'on ne pourra jamais agrandir à cause d'une rue qui passe par derrière. Les offices et écuries correspondent à la magnificence de ce palais ; elles sont toutes voûtées. On monte douze ou quinze degrés pour aller au grand salon.

Ayant vu ce palais, nous allâmes voir l'église de l'abbaye de Saint-Pierre aux Nonnes ; c'est un bijou qui charme la vue ;

le marbre n'y est nullement épargné ; lé tabernacle du grand autel est de bronze doré avec les colonnes de porphyre. Les quatre figures des évangélistes, qui sont de bronze doré, ne se peuvent payer. Le chœur des religieuses est aussi très magnifique ; au milieu est le tombeau de
de Lorraine, reine d'Écosse (1) ; il est de marbre noir avec la figure de cette reine couchée et quatre anges aux quatre coins ; toutes ces figures sont de cuivre doré. Cette abbaye est de l'ordre de S. Benoît, fondée par la maison de Lorraine. Le bâtiment de l'abbaye est très beau, mais il est trop enterré.

Nous allâmes ensuite voir l'église de l'abbaye de Saint-Nicaise, qui est très belle. On admire sur toutes choses les piliers qui soutiennent le cul-de-lampe ; ils sont d'une délicatesse surprenante. Dans la nef, en entrant, est le tombeau de sainte Eutropie, sœur de saint Nicaise ; il est de marbre blanc, soutenu de quatre piliers de marbre rouge et blanc ; la vie et le martyre de cette sainte sont taillés en bas-relief autour du tombeau sur lequel sont quatre anges, et, au milieu, une urne de marbre. Ce tombeau,

---

(1) Marie de Lorraine, fille de Claude et d'Antoinette de Bourbon, née en 1515, mariée : 1o le 4 août 1534 à Louis d'Orléans, duc de Longueville ; 2o le 9 mai 1538 à Jacques Stuart V, roi d'Écosse ; morte le 10 juin 1560.

qui est moderne, est au-dessus du vieux tombeau qui est élevé d'un pied de terre.

Près du grand portail, il y a un tombeau antique de marbre blanc d'un nommé Jovinus ; sur la plus grande face est représentée en relief détaché une chasse de lion parfaitement bien travaillée ; on ne peut se lasser de la considérer.

Le portail de cette église est très bien orné de deux tours aux deux côtés faites en pyramides de pierres de taille à jour ; ce sont toutes colonnes les unes sur les autres.

De cette abbaye, nous allâmes à l'abbaye de Saint-Remi, qui est là auprès. L'église de cette abbaye n'a rien de beau en soi. Le chœur est très large et peut passer pour beau ; son pavé à la mosaïque est estimé l'une des plus rares pièces de l'Europe. L'autel est très richement paré les grandes fêtes ; tout est de vermeil doré, même le devant d'autel avec les retours des côtés de l'épître et de l'évangile. Il y a devant l'autel un grand chandelier à sept branches, comme l'on dépeint celui de l'ancienne loi des Juifs, d'une beauté extraordinaire ; on dirait qu'il est doré quoique ce ne soit que la couleur naturelle du bronze. Il y a une couronne suspendue au milieu du chœur en forme de candélabre d'une grandeur monstrueuse ; le religieux qui nous accompagnait nous dit que l'on avait fait cette couronne à l'occasion d'un synode de soixante-quatre prélats qui s'est tenu dans ce chœur pour que tous ces prélats fussent assis en rond sous cette couronne, et que personne ne pût dire avoir eu la première place ou préséance, et par ainsi éviter les contestations pour les rangs. On nous fit voir ensuite la sainte ampoule dont on se sert pour sacrer les rois de France ; elle est dans une espèce de mausolée où est aussi le corps de saint Remi dans une châsse d'argent longue de sept pieds. Ce mausolée est de marbre de diverses couleurs. Il y a cinq niches, chaque niche séparée par une colonne ; dans chaque niche est un duc et pair ou comte et pair. A la petite face qui regarde l'orient est l'archevêque et duc de Reims avec le duc de Bourgogne ; à la grande face qui regarde le nord sont les ducs de Normandie et de Guyenne, les comtes de Champagne, de Flandre et de Toulouse, tous habillés comme ils assistent au sacre des rois ; à la grande face qui regarde le midi sont les ducs et comtes et pairs ecclésiastiques, savoir : l'évêque et duc de Langres, l'évêque et comte de Châlons, l'évêque et comte de Beauvais et l'évêque et comte de Noyon, tous en habits pontificaux ; la petite face qui regarde l'occident est l'endroit ou plutôt la porte par où l'on vous montre la sainte ampoule et la châsse de saint Remi. Toutes ces statues sont de marbre blanc d'une parfaite beauté, de grandeur demi-naturelle. Au-dessus de ce premier ordre de colonnes s'élève en argent la représentation de la châsse de saint Remi en habits pontificaux, assis dans un fauteuil, qui instruit Clovis à la foi, qui est à genoux d'un côté et la reine Clotilde de l'autre, qui est debout, le tout en marbre blanc.

Après que l'on nous eut fait remarquer tout ce que je viens de dire, on nous montra la sainte ampoule, qui est dans un reliquaire d'or. La liqueur qui paraît dans la petite fiole est de couleur de musc. On dit que cette fiole a été apportée du ciel à saint Remi pour sacrer Clovis, notre premier roi chrétien. Ce trésor est fermé d'une porte de fer bien barrée encore au-dessus ; après cette porte de fer, il y en a une de bois toute couverte de lames d'or garnie de grosses perles et d'une infinité de fines pierres ; il y a entre autres un rubis qui est encore brut de la grosseur d'un œuf de pigéon. Il y a aussi des agates onyx d'un prix infini. Vous voyez en même temps la châsse de saint-Remi, où est son corps tout entier, ce que beaucoup de personnes ont vu l'an 1646, que l'on a ouvert la châsse.

Après que l'on nous eut fait voir toutes

les curiosités de l'église, l'on nous fit voir le cloître, qui est très beau. Le réfectoire et le chauffoir sont remplis de très beaux tableaux. On nous mena ensuite au promenoir d'hiver, qui est une grande salle de cent cinquante pieds de long. On nous fit voir aussi la bibliothèque, qui est parfaitement belle. On y a la plus belle vue du monde à cause de son élévation, qui est au troisième étage. Cette abbaye est de l'ordre de saint Benoît réformé ; M. l'archevêque de Reims en est abbé.

En retournant à notre auberge, nous vîmes les églises des Carmes, des Jésuites et celle de l'abbaye de Saint-Étienne, qui n'ont rien de beau. Il y a une très belle tapisserie dans la dernière. Le chœur de l'église des Augusins est très beau. L'église des Capucins et celle des Clarisses méritent bien que l'on se donne la peine d'y aller.

Ayant vu toutes les églises, nous allâmes voir les promenades, qui sont le jardin des Capucins et le jardin des arquebusiers ; ce dernier est parfaitement beau ; il y a de très belles allées. Les salles où s'assemblent les chevaliers de l'arquebuse sont très belles et fort proprement meublées. Ce jardin est l'une des plus grandes curiosités qu'il y ait à Reims.

Nous allâmes ensuite voir la maison de ville, qui serait très belle si elle était achevée ; il y a cependant deux places boisées qui méritent d'être vues.

Le 31, nous prîmes une chaise à nous pour aller à Châlons-sur-Marne.

Suite du voyage de France dans les provinces de Picardie, Beauvoisis, pays chartrain, Vendômois, Touraine et Beauce. (Page 401).

Ennuyé de rester chez moi inutile, et l'inclination de voyager me continuant toujours, je fis partie avec un ami d'aller voir une sœur qui demeurait au voisinage de Tours.

Nous partîmes de Lille le 9 septembre 1697. Nous allâmes dîner à Béthune, qui en est éloigné de sept lieues.

Béthune est une petite ville du comté d'Artois située sur une petite rivière au milieu des prairies que l'on peut inonder; elle traverse la ville. Cette ville est environnée de bonnes fortifications très régulières avec un bon château antique, qui est le logement du gouverneur. On y fait un très grand commerce de grains; elle est peuplée, et beaucoup de gentilshommes s'y retirent l'hiver. Nous y vîmes l'église de Saint-Vaast, qui est assez jolie; c'est tout ce qu'il y a à voir dans cette ville. Nous y restâmes cependant le 10 pour satisfaire un ami que j'y ai, la ville n'ayant aucun agrément à y rester davantage.

Le 11, nous en partîmes pour aller coucher à Arras (six lieues). Je ne parlerai pas de cette ville, en ayant marqué les beautés particulières dans le journal du voyage de Normandie. Nous logeâmes au *Petit Saint-Paul*, où l'on est bien.

Le 12, nous en partîmes pour aller coucher à Amiens, qui en est éloigné de quatorze lieues. Nous dînâmes à Thièvres, méchant village qui est le dernier village de l'Artois. Vous y passez un petit ruisseau qui fait la division de la Picardie et de l'Artois. De ce village à Amiens, l'on compte sept lieues, qui sont bonnes.

Amiens est la ville capitale de la Picardie sur la rivière de Somme. C'est tout ce que j'en dirai, en ayant suffisamment parlé plus haut. Nous vîmes cependant dans le séjour que nous y fîmes le 13 l'abbaye de Saint-Acheul, qui est à une portée de canon de la ville ; c'est une des jolies abbayes que l'on puisse voir, tant pour ses bâtiments et jardins que pour la vue que l'on a sur toute la ville d'Amiens, qui lui sert de perspective. L'église est assez propre mais petite.

Nous logeâmes à Amiens à *Sainte-Barbe*, où l'on est parfaitement bien.

Le 14, nous en partîmes de grand matin

pour aller coucher à Beauvais (treize lieues).
Nous passâmes les villages suivants : Coppe-
gueule, Croissy (six lieues), méchant village
où nous dînâmes très mal ; l'après-midi,
nous passâmes Francastel (trois lieues), et
puis nous arrivâmes à Beauvais (quatre
lieues), éloignée de sept lieues de la dînée.

Beauvais est la ville capitale du Beauvoisis, située sur la rivière du Thérain, qui va
se jeter dans l'Oise près de Creil. Cette ville
est très ancienne et était déjà très renommée du temps de Jules César ; elle est
encore fort considérable, étant très peuplée
et marchande. La ville, de soi-même, n'est
pas belle, les maisons toutes bâties de
plâtre et de bois, les rues étroites et
tournoyantes. Il y a bailliage et présidial
avec un évêché suffragant de Reims. M.
le cardinal de Forbin-Janson en est présentement évêque : c'est l'un des trois
comtes et pairs ecclésiastiques.

Nous commençâmes à voir la ville par
l'église cathédrale dédiée à Saint-Pierre. Il
n'y a que le chœur et la croisée d'achevés ;
c'est un chef-d'œuvre d'architecture, aussi le
met-on au nombre des merveilles du
royaume ; cela est d'une hauteur excessive ;
l'on dit communément que, pour faire une
église parfaite, il faut le chœur de Beauvais,
la nef d'Amiens, le portail de Reims et les
clochers de Chartres. Il y a, de plus, à voir

à Beauvais la manufacture de tapisserie, qui est une chose très curieuse à voir. Le marché est très grand et d'une figure très régulière. Nous logeâmes au *Petit Cerf*, où l'on est très bien.

Le 15, nous partîmes de Beauvais à trois heures après-midi pour aller coucher à Chaumont (cinq lieues) ; vous ne faites que monter pendant deux lieues jusqu'au village de la Houssoye, puis vous passez Porcheux, ensuite Thibivillers, d'où vous descendez ensuite dans Chaumont.

Cayeux-sur-Mer

Imprimerie Maison-Mabille